I0075388

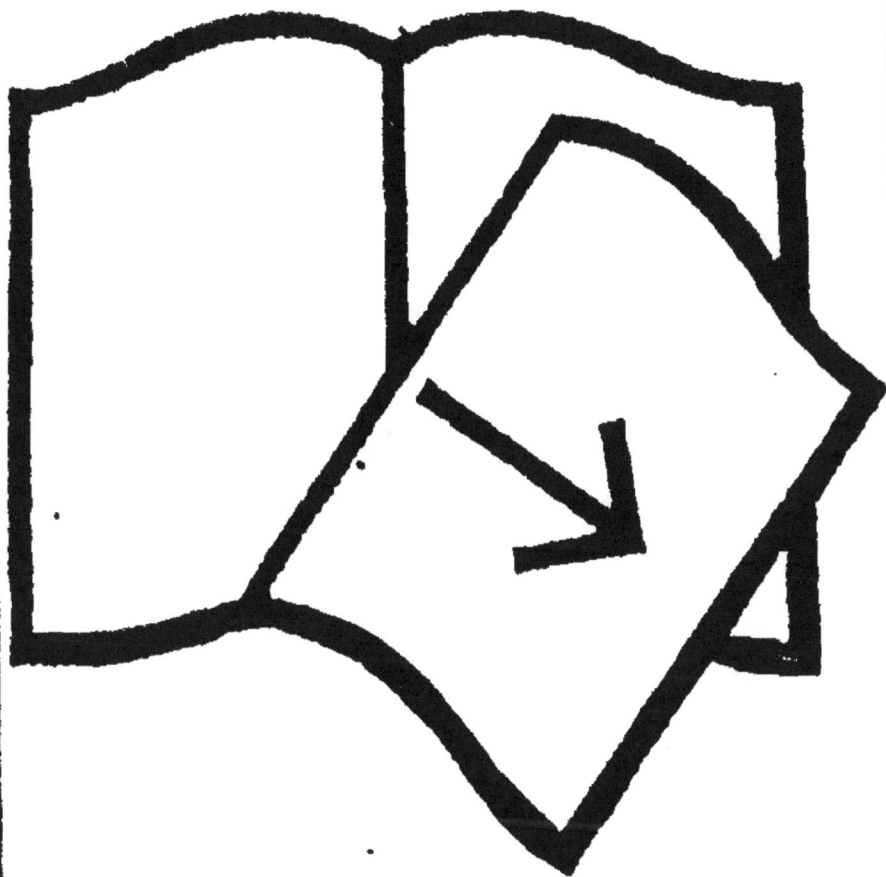

Couvertures supérieure et inférieure
manquantes

NOTES

sur

QUELQUES PLANTES NOUVELLES

DU PLATEAU CENTRAL DE LA FRANCE.

Sp

92 669
1855

NOTES

SUR QUELQUES

PLANTES NOUVELLES

DU PLATEAU CENTRAL DE LA FRANCE,

Par MARTIAL LAMOTTE,

PHARMACIEN,

Membre de l'Académie des sciences, belles-lettres et arts de Clermont-Ferrand, de la Société
botanique de France, etc.

Lecture faite à l'Académie des sciences, belles-lettres et arts de Clermont-
Ferrand, dans sa séance du 7 décembre 1854.

BIBLIOTHÈQUE IMPÉRIALE IMPÉ

—•⊛•—

CLERMONT,

IMPRIMERIE DE THIBAUD-LANDRIOT FRÈRES, LIBRAIRES,

Rue Saint-Genès, 10.

1855.

NOTES

QUELQUES PLANTES NOUVELLES

DU PLATEAU CENTRAL DE LA FRANCE,

Par Martial LAMOTTE.

2°. REVUE DES SEMPERVIVUM DE L'AUVERGNE (1).

En 1847, M. Lecoq et moi faisions connaître, dans le Catalogue des plantes vasculaires du plateau central de la France, une nouvelle espèce de *Sempervivum*, sous le nom de *S. arvernense*.

La difficulté que nous éprouvâmes alors pour comparer les caractères de cette plante avec ceux des espèces connues, la presqu'impossibilité de reconnaître ces caractères sur des échantillons d'herbier, me déterminèrent à recueillir vivants les *Sempervivum* de notre circonscription dans toutes les localités où

---

(1) Je dois à l'obligeance de M. Verlot, directeur du Jardin des plantes de Grenoble, des échantillons vivants de la majeure partie des *Sempervivum* d'Europe, échantillons qui m'ont été d'un grand secours pour la rédaction de ce mémoire. Je le prie de recevoir ici le témoignage de ma gratitude.

ils se rencontreraient et de les soumettre à la culture. J'ai pu ainsi suivre leur développement pendant plusieurs années consécutives, les étudier avec soin, et la découverte de deux espèces nouvelles pour notre flore, dont une inédite, m'a amplement dédommagé de la peine occasionnée par les nombreuses recherches qu'il m'a fallu faire.

Le nombre des *Sempervivum* qui existent en Auvergne, en y comprenant les deux récemment reconnus, s'élève aujourd'hui à cinq, qui sont : *S. tectorum*, L., *S. arvernense*, Lec. et Lamt., *S. Pomelii*, N., *S. Funkii*, Braun, *S. arachnoideum*, L.

J'ai cru devoir donner la description de ces cinq espèces, afin de pouvoir les comparer et de mieux faire ressortir les caractères différentiels de chacune d'elle.

J'ai été aussi amené à agir ainsi par l'incertitude qui me semble exister sur la plante que Linné a nommée *Sempervivum tectorum*, et qui me paraît être une espèce complexe, comme beaucoup d'espèces linnéennes. On sera probablement obligé d'abandonner ce nom lorsque ce genre aura été mieux étudié.

Ce qui me fait surtout considérer le *S. tectorum* comme espèce complexe, c'est l'étendue de l'aire de dispersion qu'on lui attribue. Il est indiqué dans toutes les flores comme naturalisé, il est vrai, sur les toits et les vieux murs, mais comme spontané dans toutes les Alpes et les Pyrénées, depuis leur base jusqu'aux

sommets les plus élevés. Il est évident pour moi que
les *Sempervivum calcareum* Jord. et *arvernense* Lec.
et Lamt. étaient et sont encore confondus avec lui.
J'ai reçu de M. Godron, sous le nom de *S. tectorum*,
un échantillon de joubarbe récolté dans les Pyrénées,
qui n'est autre que le *S. arvernense*.

Je donne donc ici une description, aussi exacte
que possible, de l'espèce à laquelle je conserve
le nom de *S. tectorum*, afin que les botanistes
qui s'occuperont de ce genre puissent s'assurer si le
S. tectorum d'Auvergne est le même que celui des
Alpes ou d'autres localités.

J'ai indiqué les dimensions des principaux organes,
dimensions qui ne sont qu'approximatives, mais qui
cependant peuvent aider puissamment à la détermination des espèces. Le diamètre des rosettes est pris
sur celles qui doivent donner des fleurs, et qui, par
conséquent, ont acquis tout leur développement.

G. **SEMPERVIVUM**, Lin., g. 612.

1. **S. tectorum**, Lin., 664; D. C., *fl. fr.*, 4, p. 396!
et *pl. gras.*, t. 104; Gr. et Godr., *fl. de Fr.*, 1, p. 628;
Lec. et Lamt., *cat. pl. cent.*, p. 179.

Panicule cymiforme, couverte de longs poils mous
et glanduleux; rameaux allongés, portant chacun de
8 à 10 fleurs *grandes* (30 à 32 millimètres de diamètre) *subsessiles*, disposées en épis subscorpioïdes;

calice divisé au delà du milieu en 12 ou 16 lobes
lancéolés-linéaires, aigus (2 mill. de larg., 5 à
6 mill. de long.). Pétales *rose-pâle marqués de
linéoles purpurines et glabres en dessus*, légèrement carénés, verdâtres, et hispidules-glanduleux
en dessous, linéaires-lancéolés, assez longuement
atténués et acuminés au sommet (2 à 2 et 1|2
mill. de larg., 15 à 18 mill. de long.), étalés en
étoile, *le double plus longs que le calice*. Etamines
à filets purpurins, subarrondis et légèrement hispidules-glanduleux à la base, un peu plus longs que
les styles. Ecailles hypogynes, *d'un blanc-verdâtre,
petites, glanduliformes, plus larges que hautes,
arrondies au sommet, subhorizontales* (1|4 de mill.
environ de haut). Carpelles ovales-oblongs, glabres
sur la face externe, hispidules-glanduleux sur la
face interne, brusquement terminés par un style
oblique plus court qu'eux. Graines petites (1 mill. de
long.) obovales, striolées longitudinalement vues à
un fort grossissement, de couleur jaune-fauve clair;
un tiers environ sont fécondes.

Rosettes *globuleuses* (8 à 12 cent. de diamètre) à
feuilles glaucescentes, *glabres, oblongues-obovées*
(15 à 20 mill. de larg. 35 à 40 de long.), brusquement acuminées, mucronées, ciliées, cils ne dépassant pas un millimètre de longueur, recourbés en bas,
la pointe des feuilles est glabre ou munie de cils qui
égalent son diamètre. Feuilles caulinaires *ovales-lan-*

étolées, atténuées et mucronées au sommet, élargies à la base, les supérieures brièvement velues-glanduleuses, les inférieures *glabres*. Tige velue-glanduleuse, dressée, feuillée (30 à 50 centim. de haut), émettant dès sa moitié supérieure des rameaux florifères souvent bifides.

HAB. — Naturalisé et planté sur les toits et les vieux murs des villes et villages, dans presque toute l'étendue du plateau central, mais principalement dans la Limagne.

Je ne l'ai vu nulle part spontané sur les rochers.

Il commence à fleurir vers le milieu de juillet et continue jusqu'à la fin de septembre.

OBSERVATION TÉRATOLOGIQUE. — Koch, dans son *Synopsis*, MM. Grenier et Godron, dans leur *Flore de France*, disent que les étamines de cette espèce se transforment souvent en carpelles. Il ne m'a encore été donné d'observer ce phénomène qu'une seule fois, et la plante qui me l'a offert se trouvait dans des conditions tout à fait exceptionnelles. Elle avait été séparée de la touffe dont elle faisait partie, bien avant que les fleurs ne se montrassent et placée sur une croisée où elle a accompli tout son développement sans terre et sans eau.

Voici ce que j'ai pu observer : Chaque filet des étamines est transformé en un corps ovale, lancéolé, verdâtre, pédicellé et terminé par une pointe longue ; le pédicelle a environ 1 mill. de

long, la partie ovale ou ovaire anormale 1 mill. 1|2
à 2 mill., et la pointe 1 mill. Cet ovaire est renflé et
couvert de petits poils glanduleux en dedans, sub-
aplati et glabre en dehors ; il a de chaque côté, et un
peu plus en dedans qu'en dehors, une fente par
laquelle on voit sortir de petits corps blancs, ovales-
oblongs, brièvement pédicellés et semblables aux
ovules renfermés dans les ovaires normaux. Dans
quelques-unes de ces étamines transformées, l'an-
thère ne s'est pas détaché ; il a persisté et s'est soudé
complétement avec la pointe le long de laquelle il
est devenu décurrent jusqu'à l'ovaire anormal. Les
grains polléniques qu'il renfermait se sont changés
en une pâte molle et sirupeuse. Les écailles hypogynes sont presque entièrement atrophiées ; les autres
organes n'ont éprouvé aucun changement.

Ce phénomène n'est-il pas un exemple de la pré-
voyance de la nature qui multiplie chez une plante
qui va cesser de vivre tous les moyens possibles de
reproduction ? Qui n'a pas remarqué dans nos vergers
l'abondance de fleurs dont est chargé un arbre mala-
dif et sur le point de mourir, comme si cet arbre
voulait employer au dernier moment toutes les forces
qui lui restent pour multiplier son espèce. Nos arbo-
riculteurs connaissent parfaitement ce fait, et lors-
qu'ils voient un arbre languissant couvert de fleurs,
ils disent que ce sont celles de sa mort.

2. S. arvernense, Lecoq et Lamotte, *cat. pl. cent.*, p. 179.

Panicule cymiforme, velue-glanduleuse; rameaux assez allongés portant chacun 8 à 12 fleurs de grandeur moyenne (20 à 22 mill. de diamètre), *subpédonculées* (les pédoncules inférieurs ayant environ 3 mill. de long), disposées en épis subscorpioïdes. Calice divisé au delà du milieu en 12 ou 13 lobes linéaires-lancéolés (1 mill. et 1|2 de larg. sur 4 à 5 mill. de longueur), subaigus, hispidules-glanduleux. Pétales d'un *rose assez vif marqués de linéoles purpurines* et glabres en dessus, velus-glanduleux et légèrement verdâtres en dessous, linéaires-lancéolés, longuement atténués et acuminés au sommet (2 mill. de larg. 10 à 12 mill. de long.), étalés en étoile, une *fois et demie plus longs que le calice.* Etamines à filets purpurins, subarrondis à la base, hispidules-glanduleux dans la moitié inférieure, égalant ou dépassant un peu les styles. Ecailles hypogynes, *blanc-verdâtre, petites, glanduliformes, plus larges que hautes, arrondies au sommet, horizontales* (1|5 de mill. environ de hauteur). Carpelles ovales-oblongs, glabres en dehors, hispidules-glanduleux en dedans, brusquement terminés par un style oblique, rougeâtre, plus court qu'eux. Graines petites (1 mill. de long), obovales, striolées longitudinalement, jaune-fauve clair; un tiers environ sont fécondes.

Rosettes *ouvertes* (4 à 6 cent. de diam.), a feuilles légèrement glaucescentes (10 mill. de larg. 40 à 45 mill. de long.), *oblongues*, brusquement acuminées-mucronées, à pointe rougeâtre, *fortement carénées sur le dos*, étalées-dressées, munies sur les deux faces de *très-petits poils blancs, caducs*, et sur les bords, de cils un peu recourbés en bas et ne dépassant guère un demi-mill. de long, la pointe est garnie de cils qui sont plus courts que son diamètre. Feuilles caulinaires, *oblongues-lancéolées*, longuement acuminées, les inférieures brièvement *hispidules*, les supérieures velues-glanduleuses. Tige velue-glanduleuse, dressée, feuillée (10 à 25 cent. de haut.), divisée au sommet, dans les individus de taille moyenne, en trois rameaux florifères; les grands individus se ramifient souvent dès leur moitié supérieure.

HAB. — Sur les rochers granitiques et basaltiques. —*Puy-de-Dôme*. Route de Champeix à St-Nectaire, vallée de St-Floret, rochers de St-Yvoine, près Coudes! — *Cantal*. Vallée de Massiac à Murat! Rochers de Bonnevie! Sommet du Puy-Mary! (Monteix). — *Ardèche*. Rochers basaltiques à Thueis! AR.

Il montre ses premières fleurs en même temps que le *S. tectorum*, vers la mi-juillet, et l'on en voit encore quelques-unes dans les premiers jours d'octobre.

Dans le Catalogue du plateau central nous avons indiqué cette plante dans la Lozère; n'ayant pas vu d'individus vivants de cette localité, et n'étant pas certain de la détermination de l'espèce qui croît dans cette contrée , je la supprime ici.

RAPPORTS ET DIFFÉRENCES. — C'est du *S. tectorum* que le *S. arvernense* se rapproche le plus, mais il est facile de l'en distinguer par les poils de sa panicule, plus courts et moins nombreux, par ses fleurs d'un tiers plus petites, plus roses et pédonculées, par ses écailles hypogynes plus petites, par ses rosettes plus étalées , moins grosses, et enfin par ses feuilles moins larges, ordinairement plus longues, et couvertes de petits poils blancs.

OBSERVATION. — J'ai trouvé quelquefois des échantillons portant trois à cinq tiges, paraissant sortir de la même rosette ; mais en enlevant les feuilles inférieures, je me suis assuré qu'il ne partait qu'une tige du centre de la rosette, que cette tige se ramifiait dès sa base , en donnant naissance à des rameaux presqu'aussi grands qu'elle, et aussi florifères.

3. S. Pomelli, N. (1).

Panicule cymiforme, velue-glanduleuse; rameaux assez allongés , et portant chacun 5 à 12 fleurs de

---

(1) Le premier qui ait observé ce *Sempervivum* est M. Pomel , naturaliste fort distingué et très-connu par ses travaux en paléontologie. L'Auvergne lui est redevable, dans cette science, de nombreuses découvertes qu'il était sur le point d'augmenter encore, lorsque , par suite des événements politiques, il a été exilé sur le sol africain.

grandeur moyenne (21 à 23 mill. de diamètre), disposées en épis subscorpioïdes, *subpédonculées* (les
pédoncules inférieurs ayant environ 2 mill. de long.)
Calice divisé jusque près de sa base en 10 ou 12 lo-
bes (1 mill. 1|2 de larg. 4 à 5 mill. de long.), lan-
céolés-linéaires, acuminés, aigus, hispidules-glanduleux. Pétales d'un *rose vif uniforme, sans linéoles* et glabres en dessus, velus-hispidules en dessous,
avec la carène purpurine, lancéolés-linéaires, atténués et longuement acuminés au sommet, étalés en
étoile, *une fois et demie plus longs que le calice* (3
mill. de larg. et 10 à 12 mill. de long.) Etamines à
filets purpurins, subarrondis, et brièvement hispidules-glanduleux à la base, égalant ou dépassant un
peu les styles. Ecailles hypogynes, d'un *blanc-verdâtre, sublamelliformes, plus allongées et moins
épaisses que celles du S. arvernense, presque trian-
gulaires, à sommet arrondi, subdressées* (environ
1|2 mill. de haut.) Carpelles ovales-oblongs, glabres
extérieurement, très-brièvement hispidules-glanduleux intérieurement, brusquement rétrécis en un style
oblique, rose, un tiers moins long qu'eux. Graines
très-petites (1|2 mill. de long), striolées longitu-
dinalement, oblongues, fauve-jaunâtre clair ; un
centième environ sont fécondes.

Rosettes *subovales* étant jeunes, puis un peu étalées (2 à 4 cent. de diamètre), à feuilles (6 mill.
de larg. 22 à 25 de long.), *dressées, oblongues, étroi-*

tes, assez fortement carénées sur le dos, vertes, parsemées de poils blancs très-courts, glanduliformes, garnies sur les bords de *cils blancs et longs* (2 mill. env.), égalant à peu près le quart du diamètre de la feuille, terminées insensiblement par une pointe rougeâtre, *couverte de longs poils blancs, en forme de houpe, et dépassant de beaucoup son diamètre.* Feuilles caulinaires, *oblongues-lancéolées,* brièvement acuminées dans le bas de la tige, longuement atténuées en pointe dans le haut, brièvement *velues-glanduleuses et à pointe terminée par de longs poils blancs.* Tige (15 à 20 cent. de haut.) brièvement velue-glanduleuse, dressée, feuillée, donnant naissance, à son sommet, à trois ou cinq rameaux florifères.

HAB. — *Puy-de-Dôme.* Rochers de St-Yvoine, en société des *S. arvernense* et *S. arachnoideum!* (Pomel). Rochers granitiques entre Champeix et St-Nectaire, avec le *S. arvernense!* nnn. Il commence à fleurir un peu avant le *S. arvernense,* c'est ordinairement dans les premiers jours de juillet, et il continue jusqu'à la fin d'août.

RAPPORTS ET DIFFÉRENCES. — Le *S. arvernense* est l'espèce avec laquelle celle-ci a le plus de rapports; elle en a le port, mais elle en diffère principalement par ses pétales plus foncés en couleur, et sans linéoles, par ses écailles hypogynes, plus allongées, plus minces, sublamelliformes, par ses graines plus petites, par ses feuilles plus étroites, moins brusque-

ment terminées en pointe, garnies de poils plus nombreux, et, à première vue, par la houpe de poils qui
en terminent la pointe. Elle a quelque ressemblance
avec le *S. arachnoideum*, par la coloration de ses
fleurs et les longs poils de ses feuilles, mais les dimensions beaucoup plus grandes de toutes ses parties l'en
éloignent suffisamment.

Obs. — Les nombreux rapports que cette plante
a avec le *S. arvernense*, ses fleurs d'un rose vif, les
longs poils des bords et surtout du sommet de ses
feuilles, qui la rapprochent du *S. arachnoideum*, et
ses graines presque toutes infécondes, me l'avaient
fait regarder comme une hybride de ces deux espèces. Car en effet, sur les rochers de St-Yvoine, où
elle a été d'abord découverte, elle croît pêle-mêle
avec ces deux *Sempervivum*. Cependant, l'ayant
trouvée depuis près de St-Nectaire, sur des rochers où
ne croît pas le *S. arachnoideum*, j'ai dû abandonner ma première pensée. Si toutefois j'acquérais la
certitude que cette plante est hybride, elle devrait,
comme toutes les hybrides, emprunter son nom à ses
père et mère et prendre celui un peu barbare de *S.
arvernensi-arachnoideum*.

4. **S. Funkii**, Braun., Koch., *fl. germ.*, éd. 2,
p. 289.

Panicule cymiforme, couverte de longs poils blancs,
mous et glanduleux; rameaux assez courts portant

chacun de 5 à 8 fleurs assez grandes (25 à 28 mill. de diamètre), *subsessiles*, disposées en épis subscorpioïdes. Calice divisé au delà du milieu en 12 lobes (1 mill. 1|2 de larg. 4 à 5 mill. de long.), brun-rougeâtre au sommet, lancéolés-linéaires, aigus, couverts en dehors de poils mous, assez longs et glandulifères. *Pétales d'un rose un peu pâle, souvent maculé de taches blanchâtres au sommet, sans linéoles en dessus, un peu linéolés*, velus glanduleux et à carène verdâtre en dessous, linéaires-lancéolés, atténués et acuminés au sommet (3 mill. de larg., 11 à 12 mill. de long.), étalés en étoile, *une fois et demie plus longs que le calice*. Etamines à filets purpurins, subarrondis à la base, garnis dans le bas de quelques poils courts et glanduleux, égalant les styles. Ecailles hypogynes, *blanchâtres*, *lamelliformes*, *subquadrangulaires*, *dressées* (1|2 mill. de haut.), *un peu plus larges que hautes à sommet droit*. Carpelles *largement ovales*, *subrhomboïdes*, glabres en dehors, hispidules-glanduleux en dedans, brusquement terminés par un style oblique, rougeâtre au sommet, de moitié plus court qu'eux. Graines très-petites (1 demi-mill. de long.), linéaires-obovales, finement striolées longitudinalement, brunâtres; un 50° environ sont fécondes.

● Rosettes *subglobuleuses* (2 à 3 cent. de diamètre), à feuilles vertes (5 à 8 mill. de larg., 11 à 22 mill. de long.); *oblongues-obovales*, assez brièvement

atténuées et acuminées au sommet, un peu caré-
n'es sur le dos, légèrement bombées en dessus, *couvertes sur les deux faces de très-petits poils blancs,*
qui disparaissent en partie lorsque la plante est en
fleurs, ciliées sur les bords ; cils droits, ayant à peine
1 mill. de longueur, ainsi que ceux de la pointe.
Feuilles caulinaires, *oblongues-lancéolées*, atténuées
et acuminées au sommet, les inférieures brièvement
hispidules-glanduleuses, les supérieures plus longuement, surtout sur le dos, un peu renflées à la
base. Tige velue-glanduleuse, dressée, feuillée (15 à
20 cent. de haut), divisée au sommet en 3 rameaux
florifères.

Hab. — *Puy-de-Dôme.* Naturalisé sur le mur du
jardin de M. Simonnet, à Châteaugay ! Aigueperse,
murs derrière la ville ! n. — *Allier.* Murs d'un jardin
à Gannat, quartier des Capucins ! na. Juin.

Cette espèce, dans ces différentes localités et dans
mon jardin, fleurit un mois plus tôt que les *S. tectorum, arvernense* et *Pomelii*, et en même temps que
le *S. arachnoideum ;* elle commence à épanouir ses
premières fleurs à la fin de mai ou dans les premiers
jours de juin, et sa floraison est terminée au com-
mencement de juillet.

D'où vient cette espèce? Est-elle spontanée quelque part en Auvergne? ou a-t-elle été apportée ici des
montagnes d'Autriche? Telles sont les questions que je
me suis souvent posées, et qu'il ne m'a pas été possible

de résoudre. Nulle autre part, en France, elle n'a été observée, soit spontanée, soit naturalisée. Je me suis informé auprès des propriétaires des murs sur lesquels je l'ai trouvée, d'où elle provenait : ils m'ont répondu qu'ils avaient toujours vu cette plante sur leurs murs, et qu'ils ignoraient qui l'y avait plantée. Une personne qui s'occupe d'horticulture, à Gannat, m'a assuré qu'elle était spontanée sur les rochers des bords du Sichon, près de Cusset. Je n'ai pu jusqu'ici vérifier cette assertion.

RAPPORTS ET DIFFÉRENCES. — La forme et les dimensions de ses feuilles et de ses rosettes l'éloignent beaucoup des espèces précédentes. Il diffère du *S. montanum* par ses feuilles plus étroites, par les longs cils de leurs bords, par ses pétales seulement une fois à une fois et demie plus longs que le calice. C'est avec le *S. piliferum*, Jord. qu'il a le plus de rapports; ses feuilles hispidules sur les deux faces l'en font distinguer à première vue. Ses rosettes ont un peu la forme et les dimensions de celles du *S. arachnoideum;* mais les longs poils qui couvrent les feuilles de ce dernier ne permettent pas de le confondre avec lui.

OBS. — La description que Koch donne du *S. Funkii* dans son *Synopsis* se rapporte parfaitement à celui-ci, à l'exception toutefois de la dimension des pétales qu'il dit être « *calice subtriplo longioribus;* » tandis que dans notre *Sempervivum* ils ne sont qu'une fois et demie plus longs que le calice. Cette différence dans la longueur relative des pétales et du calice m'a fait longtemps considérer notre plante comme différente du *S. Funkii*. Ayant reçu du savant jardinier qui dirige le jardin botanique de Grenoble des rosettes vivantes et des fleurs desséchées du *S. Funkii*, entièrement identiques à celui que je viens de décrire, j'ai cherché à vérifier, sur des espèces bien connues, si le caractère tiré de la longueur relative des pétales et du calice était constant, et s'il était indiqué d'une manière exacte dans le *Synopsis* de Koch. Il m'a été facile de me convaincre que ce caractère était constant dans chaque espèce, surtout dans les premières fleurs, et que les indications du *Synopsis* étaient données au hasard et probablement sans prendre de mesures. Ainsi, le *S. montanum* que le célèbre auteur de la flore d'Allemagne dit avoir des pétales quatre fois plus longs que le calice, ne les a que deux fois à deux fois et demie plus longs ; ceux du *S. arachnoideum* le dépassent deux fois et non trois fois ; je puis en dire autant du *S. Braunii*. Je crois donc être dans le vrai en pensant que la même erreur devait avoir eu lieu pour le *S. Funkii*, et que c'est bien à cette espèce que doit être rapporté notre *Sempervivum*.

5. **S. arachnoïdeum**, Lin., *sp.* 665; D. C., *fl. fr.*, 4, p. 397, et *pl. gr.*, t. 106; Koch., p. 290; Gr. et Godr., *fl. de Fr.*, 1, p. 630; Lec. et Lamt., *cat. pl. cent.*, p. 180.

Panicule cymiforme, *assez brièvement velue-glanduleuse*. Rameaux allongés portant chacun de 5 à 12 fleurs de grandeur moyenne (20 cent. de diamètre.) *subpédonculées*, disposées en épis subscorpioïdes. Calice divisé jusque près de sa base en 8 ou 9 sépales (1 mill. 1[2 à 2 mill. de larg., 3 à 4 mill. de long.) linéaires-oblongs, un peu obtus, hispidules-glanduleux. Pétales *d'un rose vif, sans linéoles en dessus* (3 mill. de larg., 9 à 10 mill. de long.), à carène à peine verdâtre, velus-glanduleux et linéolés en dessous, lancéolés-linéaires, atténués et longuement acuminés au sommet, étalés en étoile, *deux fois plus longs que le calice*. Etamines à filets purpurins, subarrondis à la base, égalant ou dépassant un peu les styles, parsemés de petits poils blancs, glanduleux, plus nombreux à la base. Ecailles hypogynes, *blanc-verdâtre, lamelliformes, subquadrangulaires-allongées, étalées-dressées, plus hautes que larges* (1[4 de mill. de long.), *à sommet arrondi*. Carpelles ovales-oblongs, glabres en dehors, brièvement hispidules-glanduleux en dedans et sur les côtés, terminés brusquement en un style oblique, rougeâtre, plus court qu'eux. Graines très-petites,

striolées longitudinalement, obovées-oblongues, *jau-
nâtres* (un peu plus de 1|2 mill. de long.); un ving-
tième environ sont fécondes.

Rosettes *subglobuleuses* (10 à 12 mill. de diamètre, au plus 20 mill.) à feuilles *vertes, oblongues,
obtuses* (4 mill. de larg., 12 à 15 mill. de long.),
*bombées en dessus, un peu arrondies en dessous,
couvertes des deux côtés de très-petits poils blancs,
garnis sur les bords, dans le haut et surtout à la
pointe, de poils blancs, mous, très-longs, qui recouvrent la rosette comme d'une toile d'araignée.*
Feuilles caulinaires *oblongues* ou *oblongues-lancéolées, obtuses,* un peu atténuées au sommet, toutes
brièvement *pubescentes-glanduleuses,* ciliées sur les
bords et garnies à la pointe de *longs poils mous et
tombants.* Tige dressée, rougeâtre, velue-glanduleuse, feuillée (6 à 12 cent. de haut.), divisée au
sommet en trois rameaux florifères.

HAB. — *Puy-de-Dôme.* Rochers granitiques au-
dessus de Ceyrat près Clermont, d'Enval près Riom,
rochers volcaniques de Chalusset et Pranal près Pont-
gibaud, de la Roche-Noire! Mont-Dore à la Roche-
Sanadoire! AC. — *Allier.* Rochers de gneiss des
bords de la Sioule à Neuvialle! R. — *Creuse.* Rochers des bords de la Creuse près Aubusson! R. —
Cantal. Col de Cabre, rochers au-dessus du Fal-
ghoux, roc du Merle! AR. Fleurit en juin dans la
plaine, en juillet dans la montagne.

8°. Gen. THLASPI, Lin.

Nous avons indiqué dans le Catalogue du plateau central de la France le *Th. virgatum*, Gren. et Godr., comme croissant dans un assez grand nombre de localités de notre circonscription. A cette époque, nous n'avions pas encore vu d'échantillons authentiques de cette espèce, nous ne connaissions que la description que les auteurs de la *Flore de France* en ont donnée dans leur spécimen, description qui semblait très-bien s'appliquer à la plante de nos montagnes et que nous avons reproduite. Depuis lors j'ai reçu de M. Grenier de beaux exemplaires de son *Thlaspi virgatum*, et à peu près à la même époque M. Jordan m'a envoyé des échantillons nombreux et sous tous les états de son *Th. brachypetalum*, synonyme du *Th. virgatum*, ce qui m'a mis à même de comparer notre plante à cette espèce, et j'ai acquis la conviction que, quoique bien voisine, elle en est très-distincte. Ne l'ayant jusqu'ici rencontrée que sur nos terrains volcaniques, je l'ai nommée *Th. vulcanorum*.

Je viens de dire que le *Th. brachypetalum*, Jord. était synonyme du *Th. virgatum*. Puisqu il est ici question de ces deux noms, qu'il me soit permis d'en rectifier la priorité. MM. Grenier et Godron ont publié le *Th. virgatum* dans le spécimen de leur *Flore de France* qui a paru le 12 novembre 1846.

C'est le 10 août 1846 que M. Jordan lisait à la société linéenne de Lyon son intéressant travail sur les *Thlaspi*, où se trouve la description du *Th. brachypetalum*, travail qui fut imprimé dans le courant du mois de septembre suivant. Ce mémoire étant antérieur de trois mois au spécimen de la Flore de France, c'est incontestablement à M. Jordan qu'appartient la priorité, et l'on doit, d'après les règles de la nomenclature, adopter le nom de *Th. brachypetalum*, Jord., pour la plante qui nous occupe, et lui rapporter en synonyme le *Th. virgatum*, Gren. et Godr.

Voici la description du *Th. vulcanorum* qui doit prendre place entre le *Th. brachypetalum*, Jord. (*Th. virgatum*, Gren. et Godr.) et le *Th. sylvestre*, Jord.

Thlaspi vulcanorum, N.; Th. virgatum, Lec. et Lamt., *cat. pl. cent.*, p. 72 (non Gren. et Godr., *fl. de Fr.*).

Fleurs disposées en grappe terminale, simple, s'allongeant à la maturité. Pédicelles dressés à la floraison, étalés horizontalement à la maturité. Calice deux à trois fois plus court que le pédicelle, à sépales ovales, subaigus, verdâtres ou rose-violacé dans le milieu, blancs-scarieux sur les bords, *munis d'une seule nervure*. Pétales blancs, quelquefois rosés, *étroits, linéaires-obovales, arrondis au sommet*, à veinules *peu visibles, le double plus longs que les sépales. Étamines aussi longues que les pétales ou les*

surpassant un peu, à anthères lilacées. Ovaires obovales-elliptiques, tronqués-échancrés au sommet ;
style aussi long que la moitié de l'ovaire et la dépassant même, atteignant au moment de l'anthèse le
sommet des grandes étamines. Silicule droite, égalant
le pédicule ou un peu plus longue que lui, obcordée-
oblongue, rétrécie inférieurement, convexe en dessous ; ailes des valves égalant au sommet leur largeur,
et rétrécies insensiblement vers la base ; lobes de
l'échancrure ovales, à bords externes arrondis, à
bords internes droits, séparés par un sinus ouvert
au sommet, obtus à la base, plus longs que le style,
égalant un huitième de la longueur totale de la silicule. Graines au nombre de quatre à six dans chaque
loge, ovales-elliptiques, petites, lisses, d'un jaune
légèrement fauve. Feuilles glaucescentes, assez
épaisses, entières ; les radicales assez rapprochées,
obovales-elliptiques, obtuses, rétrécies en pétiole
étroit souvent presque double du limbe, les caulinaires sessiles embrassantes, ovales-lancéolées subaiguës, cordées-auriculées à la base, à oreillettes
assez courtes, ovales, subaiguës. Une ou plusieurs
tiges dressées, arrondies, simples ou rameuses, feuil-
lées presque jusque sous les fleurs. Plante entièrement glabre, atteignant à la maturité 30 à 40 cen-
timètres. Racine bisannuelle, rarement trisannuelle,
d'un gris jaunâtre, à pivot ramifié au-dessous du
collet.

HAB. — Bois taillis, champs en friche, toujours sur le terrain volcanique. — *Puy-de-Dôme*. Bois du petit puy de Dôme, de Jumes, la Nugère, Pariou, Côme! Champs en friche entre Brion et Lameyrand! Bois taillis près Compains, sur la route de Besse! (Pomel). AR. — *Cantal*. Vallée de Fontanges! R. Commence à fleurir vers le milieu de juin et continue jusque dans le courant de juillet. La floraison a lieu quinze jours plus tôt dans mon jardin.

RAPP. et DIFF. — Cette espèce a de nombreux rapports avec le *Th. brachypetalum*, Jord. *(Th. virgatum*, Gren. et Godr.), et le *Th. sylvestre*, Jord. Elle diffère du premier par ses fleurs le double plus grandes, par ses pétales arrondis au sommet et non rétus, par son style plus long, par ses silicules plus larges au sommet et moins longues, par les lobes de l'échancrure plus éloignés, à sinus plus ouvert, par ses graines jaunes et non brun-roux, par ses feuilles plus lancéolées et plus pointues. Elle s'éloigne du *Th. sylvestre*, Jord., par ses fleurs plus petites, par ses pétales moins larges, par son style moins long, par ses étamines plus saillantes, à anthères de couleur lilacée, par ses silicules à lobes de l'échancrure moins arrondis en dedans et plus allongés, à sinus moins ouvert, par ses graines plus petites et de couleur différente. La tige est plus feuillée, les feuilles sont plus rapprochées et atteignent ordinairement les premières fleurs. Dans le *Th. vulcanorum*, les ailes de la silicule se développent de suite après l'anthèse et atteignent, après la chute des pétales, le sommet du style, tandis que dans le *Th. sylvestre*, le style reste longtemps plus long que les ailes.

3°. Gen. CIRSIUM, Lin.

HYBRIDE.

L'hybridité chez les végétaux n'est plus aujourd'hui chose douteuse. Les nombreux travaux des botanistes modernes, en faisant justice de tout ce que les anciens ont écrit d'erroné sur les prétendus monstres auxquels donnait lieu le croisement de deux espèces de familles différentes, ont restreint à peu de chose près la faculté hybridante des plantes dans ses véritables limites. Cependant il reste encore des questions indécises sur lesquelles j'appellerai l'attention des botanistes, lorsque j'aurai recueilli un plus grand nombre d'observations. Mon but actuel est de faire connaître une hybride des *Cirsium lanceolatum* et *C. eriophorum*, qui, je crois, n'a pas encore été signalée.

J'ai découvert cette hybride au milieu d'une grande quantité de ses deux parents, qui croissaient pêle-mêle dans un vaste pâtural inculte. Le mélange des deux ascendants ne me permettant pas de reconnaître quel était le père et d'appliquer convenablement la nomenclature de Schiede, j'ai placé en première ligue le nom de l'espèce dont elle se rapproche le plus et dont elle a le port, suivant en cela l'indication donnée par M. Grenier, dans son savant mémoire sur les hybrides.

Cirsium lanceolato-eriophorum, N.

Calathides solitaires au sommet de la tige et des rameaux, munies à leur base de deux ou trois feuilles florales, aussi longues que les fleurs. Péricline *subglobuleux, ombiliqué à la base, fortement aranéeux ;* à écailles appliquées, un peu rudes sur ses bords, linéaires-lancéolées, munies vers le sommet d'une nervure dorsale, longuement acuminée en une pointe étalée-dressée, brunes, linéaires, *non dilatées sous l'épine terminale, qui est faible.* Corolle purpurine. Akènes..... Feuilles vertes, hérissées-spinuleuses en dessus, *blanches-tomenteuses en dessous,* planes sur les bords ou un peu retournées en dessous dans le haut des lobes, pennatipartites, à segments divisés en lobes lancéolés, inégaux, divariqués et dont le terminal est très-allongé, à nervure médiane peu proéminente, tous terminés par une épine peu forte ; feuilles caulinaires *semi-décurrentes,* à ailes larges, sinuées-lobulées, épineuses, *n'atteignant que le milieu de l'intervalle qui sépare deux feuilles.* Tige assez forte, dressée, sillonnée, velue-laineuse, rameuse. Plante de 5 à 10 décimètres.

HAB. — *Puy-de-Dôme.* Au milieu des *Cirsium*

lanceolatum et *eriophorum*, près de Fassemeunier, canton de Riom, sur le terrain granitique. ⚬⚬⚬ Août.

RAPP. et DIFF. — Cette hybride tient exactement le milieu entre ses deux parents. Son port, la forme générale de ses feuilles, la non dilatation du sommet des écailles de l'involucre, la rapprochent du *C. lanceolatum*; elle s'en éloigne par la forme et la grosseur de ses calathides, par l'abondance des poils aranéeux qui les recouvrent, par la forme de ses écailles, caractères qui lui donnent de la ressemblance avec le *C. eriophorum*. Enfin elle s'éloigne et se rapproche également de ces deux espèces par la semi-décurrence de ses feuilles.

Clermont, impr. Thibaud-Landriot frères.

www.ingramcontent.com/pod-product-compliance
Lightning Source LLC
Chambersburg PA
CBHW060509200326
41520CB00017B/4971

* 9 7 8 2 0 1 9 5 7 4 4 6 8 *